ザビのいた日々

田ノ岡弘子

ザビのいた日々

あれは二〇〇七年の六月だったか、松戸市の或るお宅から、その庭に住む三匹の兄妹猫《きょうだいねこ》のうちの一匹を、私たちと同居していた娘夫婦が譲り受けて、市川の自宅に連れ帰った。到着したとき、キャリーバッグから、あらかじめ用意しておいたケージに移そうとした途端、すり抜けて逃げ出し、流しの上の天窓へ一気に駆け上り、桟《さん》にうずくまった。その眼は真っ黒で、白目の部分が消えていた。恐怖のせいと気づいて、そっとしておこうと、台所の戸を閉めて、人間は退散した。ややあって行ってみると、もうそこにはいなかった。探したすえ、勝手口の上がり框《かまち》の縁の下を覗いて、その奥に光る両眼を見つけた。そこにいれば安心ね、と言ったのだが、しばらくして行くともうそこに姿は見えず、流しの上の格子窓の網戸が少し開けられていた。急いで外へ出て、あらかじめつけていた名前で「ザビ、ザビちゃん！」と呼んだが、すでに影も形もなかった。

次の日からザビの捜索を開始した。猫はかなりの距離を移動して元の家へ帰ると聞いていたから、松戸に向かう道の電信柱に張り紙をし、道沿いのスーパーに掲示を依頼した。夫の車で、地域猫が集まるという場所へも行った。スーパーからそれらしき猫を保護したと知らせが入り、娘夫婦が迎えに行ったが、別の猫だった。それでもその保護猫がかわいそうで、引き取って連れ帰り、汚れて弱っているように見える体を獣医さんに診ていただき、アビシニアンという種類で、飼い猫だろうと教えられた。いったん家で預かることにして、スーパーにもその旨伝え、いっとき「アビちゃん」と一緒にすごした。だれにでもなつく、人怖じしない猫で、よその家に来ても悠然と寝そべっていた。早朝私のベッドに上ってきて、頭突《ずつ》きという実力行使で餌《えさ》を要求し、私が起き上がると、先に冷蔵庫の前に行って待っていた。ミルクの好きな猫だった。数日後飼い主さんから連絡が入り、ご夫婦ですぐに迎えに見えた。妹さんの結婚式で留守にしている間にいなくなったとか。自分の話をしているのを聞きながら、アビちゃんはリラックスして床《ゆか》に寝ていたが、奥さんにひょいと抱きかかえられ、帰っていった。

一方、ザビが自分からこの家に戻ってくる可能性も考慮して、玄関わきの地面に常時猫の餌を置いておいた。当然近所の外猫が寄ってきて、ずいぶんいろんな猫と顔見知りになった。よく食べて強そうに見えたから「ふとしくん」と名付けた雄猫は、じつは優しい性格で、白と灰色のしなやかな肢体が美しかった。

斜向《はすむ》かいのお家《うち》の庭に住むサビネコの「チビちゃん」は、仔猫かと思うほど小さくて頼りなげだったが、元《もと》犬小屋に間借りして、もう二〇年にもなるという。若い頃はかわいい鳴き声だったのが、しゃがれ声になってしまったと奥さんが言う。でも人当たりも猫当たりもいいので、どこででも可愛がられたのだろう、奥さんには上等なウェットフードをもらい、少し離れた別宅ではドライフードをもらっているという。お向かいでは「ミーや」と呼ばれ、別宅では「マーコ」という名で、「チビちゃん」はうちだけの呼び名だった。なついていたので、一度抱いて家の中に入ったら、怯えて「すぐ出してくれ」と鳴いた。正真正銘の「外猫」だった。

たまに屋根の上でニャーニャー鳴いている猫がいたが、けっして降りてこようとはせず、姿かたちもよく見えなかったので、それがよもやザビだとは思わなかった。こうして夏が過ぎ、秋も深まったある日、車の手入れをしていた婿殿が、「お母さん、車の下にザビらしい猫がいます、餌を持ってきてみてください」と言い、すぐに餌の器《うつわ》を車の下に突っ込むと、たちまちたいらげ、何度か餌を補給しているうちに、からっぽの器を残して消えた。次の朝、屋根の上から鳴き声が聞こえ、餌を持って出てみると、「待っててよ」と言わんばかりに鳴きたてながら、栴檀《せんだん》の樹をつたって降りてきて、ベランダまでいっしょに来て、私の足元で食べてからどこかへ消えた。まさしく、松戸のお宅からいただいた写真そのままの、サビトラの「ザビ」であった。失踪から半年経っていたが、遠くへ行かずにこの辺《あた》りに潜んでいたのだ。痩せもせず、むしろブヨブヨ太っている。さぞかしたくさんの獲物を捕ったことだろう。虫やトカゲ、蛇や小鳥まで捕ったかもしれない。狩りの難しい冬場を迎える前に姿を現してくれて、ほんとうによかった。

早朝庭に出て、屋根から降りてきたザビに餌をやるのが日課になった。忙しい日に、餌だけ置いて立ち去ろうとしたら、猫は餌に近づこうともしない。そうか、私というガードがいなければ食べられないのか、と妙に納得して、ベランダの椅子に座り、椅子の下で食事をさせた。あいかわらず食後はどこかへ帰っていったが、数日後には、少しの間足元に正座しているようになり、やがては椅子の横の台に上って私の顔を眺め、前足を伸ばして私の口のあたりにさわるようになった。舞い込んできた枯葉にじゃれることもあったので、紐《ひも》持参で遊んでやり、ベランダのガラス戸の内側へと誘導した。ひとしきり遊ぶと逃げていったが、日を経るにつれ馴れてきて、あるとき、二階への階段を上って探検に行っているすきにガラス戸を閉めたら、途端にけたたましい鳴き声がして、ふりかえるとザビが階段のなかばから黒目でにらんでいる。すぐに開けてやると一足飛びに逃げていった。

　しかしいつしか、ザビは家猫になっていた。家の中で毬を追いかけ、紐にじゃれつき、わけもなしに駆けずりまわり、夜は私の布団の裾で眠り、夏になると机の下の床で寝た。が、なんといっても戸外で生まれ育ち、この異郷でも秘密のねぐらを持っていたはずの猫を、家に閉じ込めておくことはできない。大工さんに頼んで、台所の勝手口の下に猫用の自在ドアをつくってもらった。おおむね一日の大半は、家の中でも外でもどこにいるのか、謎であった。

　居間などでくつろいでいても、玄関のインターフォンや電話が鳴れば、即座に消えた。家の者以外には、人の目にふれることのない、いわば「幻の猫」でありつづけたが、ただ、両隣の奥さんには、私が垣根越しに話をしていると足元にいて、言葉をかけていただいたり、また、都心に住む息子が来たときには、そのバイクの後部に箱座りして動かず、「そこが気に入ったの？」と笑われたりしたこともあった。

総じて人間には極度の警戒心を抱いていたが、それに反し同族には愛着や寛容を見せた。

勝手口の猫穴から勝手に入ってくる「タビちゃん」（白足袋《たび》を履いた猫）には、まず口元を寄せて挨拶し、タビが居間の日向の座布団（これを娘と私は「タビトン」と呼んだ）の上で昼寝をきめこんでも、ザビはなにも言わずに眺めていた。顔の大きなキジトラの雄で、短く四角いしっぽがご愛嬌の、親しみやすい風来坊だったが、色は違っても同じ虎縞柄だから、ザビは松戸のお兄ちゃんを思い出して迎え入れたのかもしれない。でも、そのタビちゃんをこの界隈から追い出して、いつも庭に居座るようになった「イツモちゃん」にたいしてさえ、反撃するような気配もなく、後年住処《すみか》を替えたイツモちゃんが、年に二三回、おなかをすかせてやってきて、勝手口の戸をひっかくようにノックすると、ザビは「来たよ！《ニャー》」と鳴いて知らせ、戸を開いたその隙間から、イツモちゃんの猫パンチが飛んできても、黙って引き下がるだけであった。相手が異性ということもあっただろうが、それればかりではないようにも思う。

チビちゃん、アビちゃん、ザビ、タビちゃん――私はひそかに「四匹のビ（美？）猫」と呼んでいるが――などなど、娘はそれぞれの猫の歌を作って歌ってくれた。

それにしてもザビは、よく鳴く猫であった。朝起きて鳴きながら歩きまわり、夜には私を探しながら鳴いた。そういうザビとは対照的に、一九九〇年代から飼っていた先代の「茶々」は、ほとんど鳴かない猫だった。ショートヘア系の見事な肢体、独特の駱駝色の毛並み、長くてしなやかな尻尾《しっぽ》、という男前の風貌だったが、性格は「二匹じゃ一匹多すぎる」と考える典型的なキルケニーキャットで、激しい喧嘩をして、傷を負ったり負わせたりした。しかし人間には信頼を寄せ、お隣さんに可愛がられてお宅にお邪魔し、ソーメンをごちそうになったり、道行く人に声をかけられて、すり寄って甘えたりしていた。私の前を横切っていくとき、「茶々！」と呼びかけても、ニャーとも言わず、まっすぐ前方を見つめて通り過ぎたものだ。茶々にまつわる強烈な思い出は数多くあるが、それは時代を遡った別の物語である。

ザビを可愛がってくれ、ザビも心を開いてそれに応えていた娘婿が、二〇一六年、闘病のすえに亡くなった。娘が付き添い、夫の車で通院し、最後まで家で療養し、家族といっしょに過ごした。「よく頑張ってくれましたね、ありがとう」と、棺の前で感謝することしかできなかった。

この前後の時期のザビについては、あまり記憶がない。家から出ていって夜になっても帰らず、街灯の少ない近所の路地を、「ザビー！　ザビー！」と恥も外聞もなく呼ばわりながら歩きまわり、ふと気づくと、足元にザビがいて、いっしょに家に帰る、そんなことが多かったように思う。

また、娘と二人で信州に旅し、大型台風とぶつかって足止めを食らい、一週間も家を空けざるをえなかったとき、留守居の夫に電話すると、ザビが家を出ていって帰ってこない、外に出した餌は食べているようだと言う。ようやく鉄道が動き、急ぎ帰り着いて、裏木戸を開けながら、ザビー！と呼ぶと、どこかからすっ飛んできて、怒ったように鳴いた。

おおむね平穏な日常が流れていったのだろう。数年前に娘が路上で保護し、ついには「うちの子」になった亀の「カメノちゃん」が、冬眠から目覚めて愛らしい姿を見せる頃には、春の兆しが庭に溢れ、雑草たちが萌え出て小さな小さな花々を咲かせ、木々の芽は日毎に成長し、杏の樹は美しい花で大小の鳥たちを誘う。地面や木の幹と似た毛色をしたザビは、影のごとく風や光を浴びて駆けまわり、木登りをしたり、草をむしる私の手元に来て邪魔をしたりする。カメノちゃんもまた人見知りで、知らない人からは脱兎のごとく逃げたが、ザビとは互いに家族と認識し、小屋の水辺で餌を分け合った。夏の暑さに弱い猫が、食欲旺盛な亀につられて、ほぐしたホタテやささみを食べてくれるのはありがたかった。人間の夕食が済むと、ザビはテレビを見る私の膝にのぼり、前足の肉球で私の顔をさわり、ひとしきり甘えると、そのまま丸くなって眠った。夜更けには、いつのまにか枕のよこで寝ている。私もなぜか安堵を覚え、入眠したものだ。

おとしあたりから、ドライフードを高齢猫用（十五歳以上）に切り替え、きざみ海苔や削り節やビール酵母の粉末を餌にまぜて与えるようになった。朝嘔吐することが多くなったからだったが、高齢猫関連の本を読んで、ザビも健康に留意すべきステージに入ったことを知ったからだろう。あいかわらず用心深く、人目を避けて暮らし、私が買い物に出るとき、いっしょに裏木戸を出るものの、お向かいの車寄せで、「見て見て」というようにゴロンゴロンをするだけで、それ以上はついて来ようとせず、どこかに潜み隠れて私の帰りを待っていた。さいわい病気らしい病気もせず、不思議と蚤もつかない猫だったのが、去年は初めて蚤に悩まされた。新聞紙を敷いたテーブルの上にいても、私の膝の上にいても、つねに梳《す》き櫛《ぐし》と指先で蚤退治をするのが、私に課せられた仕事で、いまさらながらこの微小な生き物の機敏さ・強靭さに舌を巻いた。もう三〇年も前の話だが、老犬の寝場所を屋外から家の中に移したとき、建て替え前の古屋の畳に蚤が拡散し、毎朝起きるや畳に這いつくばり、かすかに盛りあがる黒い粒をしらみつぶしに（？）抹殺したことを思い出したのだ。ただでさえ夏は犬猫にとって受難の季節である。気温は上がり、食欲は落ち、身の置きどころをさがし、横倒しに寝そべる。それでもカメノちゃんの水替えを私がする日には、かならずついてきて、手元の作業を見つめ、喜ぶカメノちゃんの動きを眺め、それからいっしょにササミやホタテを食べる。全部終了しても、水槽の上の簀《す》の子に居座って動こうとしない。粗《あら》い目の金網は風をよく通して涼しいのだろうと、そのまま小屋の戸を閉めて、日暮れになってから迎えに行く――そんなこともあった。

秋に入り、涼風が吹き、カメノちゃんが冬眠を控えてあまり食べなくなった頃、ザビの食欲が戻った。蚤たちもどこかへ消え去り、ザビは見る見る活発になり、家の中を駆けだしたり、毬や紐で遊びさえした。長い年月、家族とは認めながらも顔を合わせればそそくさと逃げだしていた私の配偶者にたいして、「意外にいい人ね《ニャーニャーニャー》」と鳴きながら寄っていき、彼が新聞を読んでいると、そのテーブルに飛び乗って撫でてもらう。私には触らせない白いお腹までさすってもらっているので、私もうれしくなって、「腿の裏をマッサージしてやってね」などと注文をつける。この分ならあと十年も一緒にいられるだろうと思ったりする。

ただ、戸外で隠れているのを好んだ猫が、寒さもあってか、あまり外へ出たがらなくなった。昼間はガラス戸から外を見ているので、出たそうなしぐさをすれば開けてやるのだが、首だけ出して右を見て左を見てから、用心深く外出し、いくらもしないうちに戻ってきて、「開けてよ《ニャー》」と鳴く。晩には私の膝でひと眠りし、そのあと暖房のきいた机の下にいて、人の動きを目で追い、自分の夜食を済ませると、私の就寝を待って枕の横でまるくなる。そんな日々が流れていった。

年が改まり、寒気厳しく、雪のちらつく日もあって、ザビはまったく外へ出なくなった。二月に入ると食欲が落ち、痩せ細っていった。何度か獣医さんに来ていただいたが、往診のたびに、ザビも私も極度に緊張して変調をきたすので、ついには、針のない注射器に一回分ずつ入れた薬を、毎朝口に含ませるだけになった。

二度目の往診のときだったか、先生の手から解放されて逃げだす途中で、ふと振り返り先生の顔をじっと見つめた。あれは何を意味するまなざしだったのか？　その頃ザビは居場所を変えた。もう机の下にも、私のベッドの上にもいなかった。寝室の書棚と、うず高く積まれた本の山との間の細い隙間、ザビだけが通れる隙間の奥に、暗くて狭い、人間にはけっして底が見えない竪穴がある。そこをザビは終《つい》の住処と決めたのだ。便意を催すと、隙間から出てきて、台所・居間と長い道のりをたどり、ベランダぎわの猫トイレにたどりつく。乗り手のない自転車が風に揺れるような危うさで歩いていくのを、目で追う私自身もまた、人生の最後をザビといっしょにおぼつかない足どりで歩いている、そんな思いがした。「ここでしていいのよ」と机の下にペットシートを敷きつめてやっても、そこは水を飲みに立ち寄るだけで、動ける最後の瞬間までトイレに通う決意があるかに見えた。尻尾で考えるようにたえず動かしていた虎縞の先端もいまは動かず、顔は狐のように細くなっていた。それだけ私にはいっそういとおしく、抱きしめてやりたかったが、突き出た骨が圧迫されて痛むのではとためらわれて、そっと撫でることしかできなかった。水を飲むかすかな音だけが、ザビの生きている証《あかし》であった。トイレのあと、竪穴への帰路をとらずに、ガラス戸からベランダへ出たいと鳴くことがあった。昔、犬の「ハチロー」が、最後の散歩のあと、もう家の中に入ろうとせず、そのまま外気の中で、物置の外壁にもたれて死んでいた、そのことが私の頭をよぎり、思わずガラス戸を少し開けてやると、よろよろとベランダに下り、おぼつかない足で庭に消えていった。夕刻、暗くならないうちにと探しにいき、庭の奥深く、地面と一体化した茶色の虎縞を発見し、近づいていくと、細い体でなんとか立ち上がり、私の横を歩こうとする。見かねてそっと抱き上げ、その軽さに胸を衝かれた。

三月五日、親しい知人の葬儀で外出したが、ザビの容態が気になって急いで帰宅し、竪穴の底にむかって「ザビちゃん」と呼びかけると、「ニャー」と弱々しく鳴いた。生きていてくれたのだ。もう動く気配はなかった。

翌六日の午後に息絶えたのだろう、夕方には硬直が始まっていた。うず高い紙の山を崩し、堅い遺体を抱いて、ダンボール箱に寝かせた。汚物に濡れた毛並みを——頭、背中、先の曲がった尻尾、そこだけ白いお腹《なか》、虎縞の四本の脚と黒い肉球を——丹念に拭いていった。「最後までよくがんばったね」と言いながら、そして、婿殿が小鳥の埋葬のときに言ったという「もう苦しまなくていいからね、ゆっくりおやすみ」、その言葉を、私もくりかえしくりかえし呟きながら——

（了）

二〇二二年　春

追記

動物のひたすらな生き様《ざま》は、人の心をとらえ、その守護霊となる。私たちは、そうした自然の神たちにかこまれて生きているのか？

菫咲く　春を待たずに　逝った猫

ザビのいた日々《ひび》

発行日　　2023年3月7日　第1刷発行

著者　　田ノ岡 弘子（たのおか・こうこ）

発行者　田辺修三
発行所　東洋出版株式会社
〒112-0014　東京都文京区関口1-23-6
電話　03-5261-1004（代）
振替　00110-2-175030
http://www.toyo-shuppan.com/

印刷・製本　日本ハイコム株式会社

ISBN 978-4-8096-8683-2　定価はカバーに表示してあります

ISO14001取得工場で印刷しました